地球不能没有动物　生生不息

地球不能没有

长颈鹿

林育真 / 著

山东教育出版社·济南

长脖子朋友来了

　　长着大长腿、长脖子，穿着格子衫，迈着大步走来的，就是我们长颈鹿！我们可是现今陆地上个头最高、脖子最长的动物。要想看清我们的脸，你可要踮起脚、仰起头，使劲儿跳一跳啦。

长脖子和身上特有的斑纹就是我们的"身份证"。

我还长着一双又大又明亮的眼睛呢。

3

家乡在非洲

我们长颈鹿家族，来自非洲，但并不是在非洲到处可以为家，我们只生活在热带稀树草原的局部地区。我们的分布区广大但不连片，呈斑块状，因此我们形成了9个地方性亚种。

过去很长一段时间，科学家认为我们家族所有成员都属于同一物种，依据分布区域和皮毛斑纹的差异分为9个亚种。近年通过基因分析和比对，确认我们归属于网纹、马赛、南方和北方4个物种。

亚种

指某种生物分布在不同地区的族群，由于受所在地区自然条件的影响，其形态构造或生理机能发生了某些群体性的变异，就称这个族群为该种生物的一个亚种。

长颈鹿亚种分布图

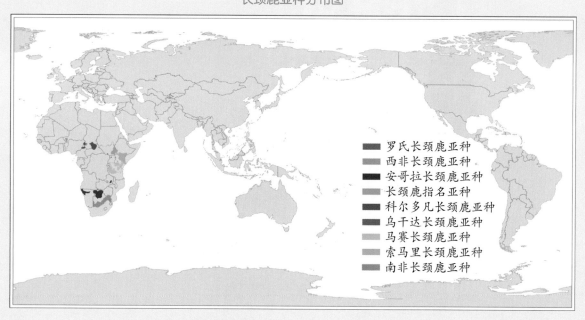

■ 罗氏长颈鹿亚种
■ 西非长颈鹿亚种
■ 安哥拉长颈鹿亚种
■ 长颈鹿指名亚种
■ 科尔多凡长颈鹿亚种
■ 乌干达长颈鹿亚种
■ 马赛长颈鹿亚种
■ 索马里长颈鹿亚种
■ 南非长颈鹿亚种

网纹长颈鹿	马赛长颈鹿	南方长颈鹿	北方长颈鹿

身上布满大大的多边形斑块，斑块之间的白色底纹十分明亮，主要分布在非洲大陆的索马里地区。

身上的斑块边缘是锯齿状的，有点儿像葡萄叶子，主要分布在肯尼亚和坦桑尼亚等地。

身上的斑块较圆，有的地方像一片小星星，主要分布在南非、纳米比亚和博茨瓦纳等地。

身上的褐色斑块大小和形状各不相同，底纹是浅黄色的。

我们竟然有一位远亲，名叫霍加狓，长年隐居在茂密幽深的非洲热带雨林，1901 年才被人发现。起初人们误以为那是另类斑马，后来才确定它与我们有共同的远古祖先。

长期适应密林生活，霍加狓的身体不像长颈鹿那么高大，颈部也没有那么长。

和长颈鹿类似的是，霍加狓头上有一对小犄角，嘴里有青黑色长舌。

最高动物，到底多高？

我们号称地球上最高的动物，那你知道我们究竟有多高吗？成年长颈鹿从足底到头顶高 5-6 米，比两层的楼房还高；体重 800 千克左右，相当于 10 多个成年人的体重。

大象是陆地上最大的动物，但是要跟长颈鹿比身高，那还差一大截。至于其他大型动物如犀牛、狮子、斑马等，身高差得更多了。

长得高就是好，我一伸头就能吃到 6 米高的大树上的叶子呢！

我们不但身高腿长，脖子也特别长，成年后脖颈平均长 2.4 米，因此我们名叫长颈鹿呀！要知道，我们脖子长不是颈椎骨数目多，与人类一样，我们的颈椎骨也是 7 块，只是每块超级长而已。

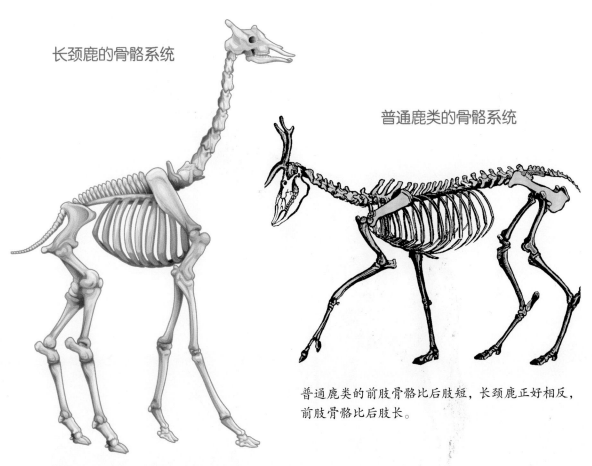

长颈鹿的骨骼系统

普通鹿类的骨骼系统

普通鹿类的前肢骨骼比后肢短，长颈鹿正好相反，前肢骨骼比后肢长。

难以想象，长颈鹿的每块颈椎骨长度接近 40 厘米。
人类整条脊柱的长度才 70 厘米左右。

我们的长腿上有强健的肌肉和肌腱，站立时
笔直稳健，跑起来大步流星。

我们作为偶蹄类动物，每只脚有两个蹄子，其他脚趾已经退化了。我们的脚印像盘子一样大。

前足

后足

骆驼的前后足均为2蹄，但它的趾甲未完全特化成蹄。

野猪和家猪的前后足均为4蹄，但着地的只有第3和第4趾。图中为幼野猪。

偶蹄类

　　有蹄类动物中，每只脚的蹄数为偶数的，就是偶蹄类动物，例如长颈鹿每足2蹄、猪每足4蹄。相应的，每只脚的蹄数为奇数的，就是奇蹄类动物，例如马每足1蹄、犀牛每足3蹄。角质蹄是趾甲特化变成的。

我们的头顶上都有一对终生不脱落的小角，就像两根小棒槌。小角里面是硬硬的骨头，外面有皮肤和茸毛包着。单凭这对角分不出我们的性别。有些雄性长颈鹿额头中间多生一只角，这只角会随年龄而增大。

这只雄性长颈鹿额头中间的角很是醒目。

其实，我们的耳朵和眼睛后面也各有一对小角。

雌性长颈鹿额头中间没有那个单独的角哦。

毛角

秃角

我们头顶上的角一般是毛茸茸的，但有些雄性长颈鹿，角上的毛稀稀拉拉，甚至光秃秃的，这都怪它们爱打架斗殴，互相用角顶撞比拼，角上的毛被磨掉了。

我们可是听觉十分灵敏的动物！我们的外耳壳又大又长，有利于收集声波，以及分辨声音来源。

看哪，我们的外耳壳能朝不同方向转动伸卷，无论哪一个方向传过来的声音都听得清。耳朵后面遍布的血管也十分有利于散热。

我们的眼睛、鼻子和耳朵的构造与功能，都适应于生活环境和生存需要。多亏了超常灵敏的感官，我们才能安然地生活在这危机四伏的大草原！

风沙来了，赶紧闭上眼睛，合拢鼻孔。

我们的鼻孔跟骆驼的鼻孔一样，能够张开和关闭。

我们又大又突出的眼睛就像一架天然望远镜，能够看到很远很远的地方。

长睫毛和大眼睛更配哦！

良好的视力和长长的睫毛可以帮助我们吃到多刺植物的叶片。长睫毛保护我们的眼睛不被荆棘刺伤。

我们有大约 40 厘米长的青黑色舌头和多毛的嘴唇，伸出舌头可以够到更高更远处的嫩叶。有意思的是，长舌头还能用来清理自己的鼻孔，使使劲儿甚至能伸到耳朵眼儿。

我们的唾液里含有抗菌物质，有利于防治被多刺植物刺伤引发的感染。

身体里的巨大心脏

我们的身体构造，包括长颈、长腿、长舌、大眼睛、大耳朵和多头角等，都与适应取食稀树草原上的树叶和灌木叶片有关。更主要的是，我们有一个宽达 65 厘米的巨大心脏，保障高大躯体正常的生理活动。

我们的心脏是陆地动物中最大的。我们的头部高高在上，只有强大有力的心肌搏动和较高的血压，才能保证心脏将血液"泵"至头部。

当采食低矮灌木的叶片或喝水时，我们也需要靠强大的心肌力量和血管瓣膜的把控，血液才不会因为头部低俯而猛地冲入脑部。

由于前腿比后腿长，我们的行走姿态与其他动物不同，是左右摇晃着行进的，就像人类所说的"顺拐"。别看我们平时走路不紧不慢的，一旦跑起来，"顺拐"也能达到时速60千米！

我们前进时，同侧的前后腿步调一致，和另一侧两条腿交替向前走。

别看我"顺拐"，跑得可不慢！

因为皮肤又厚又结实，我们在长满棘刺的灌木丛中畅行无阻，一点儿也不怕被刺伤。

我们身边生活着多种多样、数量众多的其他草食性动物，它们主要吃各种草类。而我们的牙齿天生不适合吃草，依仗长脖子的优势，我们吃高树和灌木的叶片和嫩枝。

哈哈，长得高，能吃到其他动物够不到的食物。

非洲热带稀树草原上随处可见耐旱的灌木和散生的乔木，它们嫩嫩的枝叶是我们的最爱。

我们和羚羊、斑马等草食动物选择吃不同的植物，但可能会在同一个地方喝水解渴。

陆地上最高的动物长颈鹿和最大的动物大象，在非洲草原和谐相处。

有长颈鹿帮忙放哨，咱们放心地吃吧！

雨季的非洲热带稀树草原，大地一派葱绿青翠，是草食动物的天堂。我们是具有多室胃的反刍动物，这种消化系统能更好地吸收植物中的营养成分。

反刍动物

某些偶蹄类动物会把粗粗咀嚼后咽下的食物，再返回到嘴里细细咀嚼后咽下，这种消化方式称为反刍。会反刍的动物，就是反刍动物，如长颈鹿、骆驼、牛、羊等。

有些多刺植物的叶片味道好极了，为了享用这些美味，长期以来，我们练就一项独门绝技，就是先用牙齿捋下叶片，再用长舌头把叶片卷进嘴里。

早晚比较凉快的时候，我们会抓紧进食，中午炎热时就躲到树荫下反刍，将胃里的食物返回嘴里细细地咀嚼。

我们腿长脖子长，饮水时不方便，必须先慢慢叉开前腿或跪在地上，把头弯得低低的才能喝到水。这时我们很容易受到狮子的袭击，好在我们有应对的办法，那就是轮流喝水，始终有同伴站在旁边保持警戒。

有时候我们渴极了，没有同伴在身边也要喝水，但要保持高度警戒，喝水时间不超过一分钟。

大草原给了我们充足的食物和广阔的空间。我们喜爱群居生活，每群 10 至 20 只不等。成群生活有利于互相保护、共同御敌。我们还会和羚羊、斑马甚至鸵鸟混群生活，大伙各自吃喜欢的植物种类，没有争抢食物的矛盾。

我们最喜欢吃豆科植物金合欢树的叶子，常成群迁移到这类灌木或小乔木繁盛的地方去。

无论高兴还是害怕，我们通常静默无声。科学家说，这是因为我们的声带结构不利于发声，协助发声的肺部和胸腔离声带较远，因此发声很费力。这也使我们成为不靠声音交流的"默契"家族。

我们会以特有的肢体语言表达友好情意。

当然，关于长颈鹿不叫这件事也有别的解释。有人认为长颈鹿跑得比天敌狮子还快，平时只要保持警惕就够了，无需发出呼救声。也有人认为，长颈鹿能发出人类无法听到的次声。

年幼的长颈鹿找不到妈妈时，会发出像小牛一样"哞哞"的叫声。

两头雄性长颈鹿会为争夺配偶大打出手，用颈部互相击打对方，这也是它们的肢体语言。

看起来优雅的长颈鹿打起架来，却格外凶猛激烈，相互碰撞发出"嘭，嘭"的声响。但这种碰撞通常不会导致双方受到伤害，只会让败者退出走开。

新生宝宝身高 1.8 米

我们的繁殖期不固定，一年中任何时间都可能配对。长颈鹿妈妈的孕期为 15 个月，每胎会生下一只个头超大的宝宝。长颈鹿妈妈分娩时不是趴下，而是站着生的，只听砰的一声，长颈鹿宝宝就降生到了这个世界上。

孩子，加把劲儿！

野外危机重重，长颈鹿妈妈必须要帮助宝宝尽快站起来。长颈鹿宝宝一生下来，身高已达 1.8 米，出生后不久便能摇摇晃晃地站立，并开始吮吸母乳，几天后便能跟着妈妈快速奔跑了。

当了妈妈的长颈鹿尽职尽责，会放低腹部让宝宝吸到乳汁。

长颈鹿宝宝会寸步不离地跟随妈妈，妈妈是它最安全的"港湾"。出生头两周的幼崽，喜欢静静地伏在地上。

有天敌也有朋友

　　除了寄生虫和病菌，狮子是我们最大的天敌。小宝宝要是离开妈妈，遇到狮子就会没命。狮子一般不去招惹有戒备的成年长颈鹿，但饿急了也敢结伙围攻。

长颈鹿看得远，多数情况下它们能在刚发现狮子的踪影时就跑到安全地带。

这只落单的长颈鹿遭到一头雌狮攻击，
它用坚硬的蹄子奋力反抗。

落单的长颈鹿一旦被饥饿难忍
的狮群盯上，不能及时跑开，就有
被围堵捕杀的危险。

在狮群中，通常由雌狮负责捕猎。但要想成功捕杀一
只长颈鹿，头领雄狮通常也要加入战斗。

鬣狗和非洲野狗也是长颈鹿的对头。

斑马、羚羊、鸵鸟等大型鸟兽是我们的朋友，我们能够互相报警，共同御敌。我们还与一群特别的小朋友——红嘴牛椋鸟，构成互利互惠的共生关系。

在旱季，有水的河川和水塘，是草原动物的生命源泉，它们不约而同地来到这里喝水。

红嘴牛椋鸟

仔细看，这只长颈鹿背上站着几只红嘴牛椋鸟，猜猜这些小鸟在做什么？

原来红嘴牛椋鸟在不停地啄食藏在长颈鹿皮毛中的扁虱、蜱虫和臭虫。自己吃饱肚子的同时，还为长颈鹿清除了讨厌的寄生虫，双方都高兴。

我们开饭了！

原来我们牛椋鸟的名字和"牛大哥"有关呀！

野水牛身上也有很多牛椋鸟在啄食寄生虫。

长颈鹿是珍贵无比的陆地最高的动物，也是非洲热带稀树草原繁盛、完整的标志性物种，是大自然造就的奇特美好的生灵。给长颈鹿一片安全又宁静的栖居地，是人类的责任！

亲爱的小朋友们，我是科普奶奶林育真，如果你们有关于动物生态的问题，找我就对了！

很高兴认识你们！这套《地球不能没有动物》系列科普书是我专门为小朋友创作的"科"字当头的动物科普书，尽力融科学性、知识性和趣味性为一体。

读完这本书，希望你至少记住以下科学知识点：

1. 长颈鹿是地球上最高的陆生动物。别看它的脖子特别长，但它的颈椎骨和大多数哺乳动物一样，都是7块。

2. 在非洲热带稀树草原林林总总的草食性动物中，长颈鹿主要吃树叶，它们的身体结构和生理、生态特征，都围绕着吃到高处的树叶而进化。

3. 长颈鹿家族特有的花斑外衣，在稀树草原斑驳陆离的光影背景下，具有良好的隐蔽作用。

4. 尽管长颈鹿跑得快、四蹄强劲，也会遭到狮群的围攻。

地球不能没有长颈鹿！

保护长颈鹿我们应该知道的和应该做的：

1. 由于非洲土地被大量开发，长颈鹿的数量随着栖息地的缩小而连年减少。其中，北方长颈鹿和网纹长颈鹿已处在"濒危"境地，国际自然保护联盟建议优先保护。

2. 积极参加多种形式的科普活动，用自己力所能及的方式宣传长颈鹿的生存现状，提高大家对长颈鹿的关注和保护意识。

3. 呼吁身边的亲人、朋友一起低碳生活，为保护野生动物贡献微小但不渺小的力量。

图书在版编目（CIP）数据

地球不能没有长颈鹿 / 林育真著 . —济南 ：山东教育
出版社，2022
　　（地球不能没有动物 . 生生不息）
　　ISBN 978-7-5701-2212-7

　　Ⅰ . ①地⋯　Ⅱ . ①林⋯　Ⅲ . ①长颈鹿科 – 少儿读物
Ⅳ . ① Q959.842-49

中国版本图书馆 CIP 数据核字（2022）第 124858 号

责任编辑：周易之　顾思嘉　李　国
责任校对：任军芳　刘　园
装帧设计：儿童洁　东道书艺图文设计部
内文插图：李　勇　郭　潇

地球不能没有长颈鹿
DIQIU BU NENG MEIYOU CHANGJINGLU

林育真　著